AF614596

ISBN 978-3-662-22829-6 ISBN 978-3-662-24762-4 (eBook)
DOI 10.1007/978-3-662-24762-4

Die in den Sitzungsberichten Abtlg. I und Abtlg. IIa der math.-nat. Klasse der Österr. Ak. d. Wiss. erscheinenden Abhandlungen werden auch einzeln abgegeben. Sie können durch jede Buchhandlung oder direkt durch die Auslieferungsstelle der Österreichischen Akademie der Wissenschaften (Wien I, Singerstraße 12) bezogen werden.

Nachfolgende Abhandlungen aus dem Fache **Botanik** (Biologie) sind erschienen:

1953 (S I Bd. 162):

Loub W.: Zur Algenflora der Lungauer Moore (mit 3 Textabbildungen). S 22.90
Wimmer Ch., und Höfler K.: Über die Eigenfluoreszenz lebender, absterbender und toter Florideenzellen (mit 3 Textabbildungen). S 9.60
Diskus A.: Vom Osmoseverhalten halophiler Euglenen vom Neusiedler See (mit 3 Tafeln). S 8.50

1954 (S I Bd. 163):

Kiermayer O.: Die Vakuolen der Desmidiaceen, ihr Verhalten bei Vitalfärbe- und Zentrifugierungsversuchen (mit 23 Textabbildungen), 48 Seiten. S 32.30
Loub W., Url W., Kiermayer O., Diskus A., und Hilmbauer K.: Die Algenzonierung in Mooren des österreichischen Alpengebietes (mit 1 Textabbildung und 3 Tafeln), 48 Seiten. S 26.70
Luhan Maria: Zur Wurzelanatomie unserer Alpenpflanzen III. Gentianaceae (mit 4 Textabbildungen und 1 Tafel), 19 Seiten. S 14.90
Poelt J.: Moosgesellschaften im Alpenvorland I (mit 3 Textabbildungen), 34 Seiten. S 15.10
Poelt J.: Moosgesellschaften im Alpenvorland II (mit 1 Textabbildung), 45 Seiten. S 26.50
Scheidl W.: Auslösung von Vakuolenkontraktion durch undissoziierte Basen (mit 12 Textabbildungen und 15 Diagrammen), 44 Seiten. S 28.—
Schiller J.: Über Cyanophyceen aus kleinen künstlichen Wasserbecken und aus dem Ruster Kanal des Neusiedler Sees (mit 17 Textabbildungen [49 Einzelbilder]), 31 Seiten. S 23.40

1955 (S I Bd. 164):

Hölzl J.: Über Streuung der Transpirationswerte bei verschiedenen Blättern einer Pflanze und bei artgleichen Pflanzen eines Bestandes (mit 8 Textabbildungen). S 40.—
Huber Elfriede: Vitalfärbungsversuche an Hochmooralgen mit leeren und vollen Zellsäften (mit 13 Abbildungen auf 3 Tafeln). S 36.40
Kiermayer O.: Über die Reduktion basischer Vitalfarbstoffe in pflanzlichen Vakuolen (mit 4 Tafeln und 1 Farbtafel). S 25.20
Loub W.: Algenbiozönosen des Neusiedler Sees (mit 9 Textabbildungen). S 22.—
Url W.: Resistenz von Desmidiaceen gegen Schwermetallsalze (mit 8 Abbildungen auf 2 Tafeln). S 23.—
Ziegler Annemarie: Die blau fluoreszierenden Idioblasten der Scrophulariaceen: Morphologie, Mikrochemie und Vitalfärbbarkeit (mit 19 Abbildungen im Text und auf 3 Tafeln). S 46.90

1956 (S I Bd. 165):

Abel W. O.: Die Austrocknungsresistenz der Laubmoose (mit 14 Abbildungen im Text und auf 5 Tafeln). S 73.30
Fetzmann Elsa Leonore: Beitrag zur Algensoziologie (mit 3 Textabbildungen, 4 Tafeln und 1 Beilage). S 73.60
Lenk Ingeborg: Vergleichende Permeabilitätsstudien an Süßwasseralgen (Zygnemataceen und einige Chlorophyceen) (mit 7 Textabbildungen). S 83.60
Sperlich A.: Die Fortpflanzungstüchtigkeit (Phyletische Potenz) des Fremdbefruchters. Nach Versuchen mit drei Formen des Alectorolohus hirsutus (Lam.) Alb. S 58.90

1957 (S I Bd. 166):

Politis J.: Über die „Tanninoplasten" oder Gerbstoffbildner der Crassulaceae (mit 2 Textabbildungen und 1 Tafel). S 6.—
Politis J.: Über einen neuen Pflanzenfarbstoff in den Blüten einiger Verbascum-Arten (mit 2 Tafeln). S 5.20
Übeleis Ilse: Osmotischer Wert, Zucker- und Harnstoffpermeabilität einiger Diatomeen (mit 1 Textabbildung). S 30.40

1958 (S I Bd. 167):

Höfler Karl: Permeabilitätsstudien an Parenchymzellen der Blattrippe von Blechnum spicant (mit 5 Textabbildungen). S 45.—
Rechinger K. H., Dulfer H. und Patzak A.: Sirjaevii fragmenta astragalogica IV. S 38.10
Url Walter: Zur Wirkung der Atmungsgifte Natriumazid und Dinitrophenol auf die Permeabilität von Blechnum spicant-Zellen (mit 3 Textabbildungen). S 25.—
Wawrik Friederike: Hochgebirgs-Kleingewässer im Arlberggebiet III (mit 3 Textabbildungen und 1 Tafel). S 18.90

Vergleichende Versuche über Verholzungsreaktionen und Fluoreszenz

Von KARL PFOSER

(Aus dem Pflanzenphysiologischen Institut der Universität und der Bundesanstalt für Lebensmitteluntersuchung, Wien)

Mit 2 Textabbildungen und 2 Tafeln

(Vorgelegt in der Sitzung am 11. Dezember 1958)

1. Einleitung.

Nach KRATZL unterscheiden wir die durch Farbstoffe zustandekommenden Holzfärbungen und die Holzfarbreaktionen, bei denen ungefärbte Agentien das Lignin chemisch verändern. Bei den Holzfarbreaktionen sind es entweder Oxydationsvorgänge (MÄULE, JAYME) oder Reaktionen mit z. B. Phenolen (WIESNERsche Phloroglucin-Salzsäurereaktion) und Aminen.

Der bei manchen Gewebselementen unterschiedliche Ausfall der Phloroglucin-Salzsäure- und Mäulereaktion wurde schon von MÄULE, FABER, SIERSCH, SCHINDLER u. a. untersucht. Nach ULLRICH sind mit den mikrochemischen Reaktionen auch in manchen Fällen Entwicklungs- und Endzustände der Zellwandverholzung nachweisbar. Es können gering inkrustierte Zellwände nur auf die Mäulereaktion ansprechen, die Inkrustierung kann jedoch auch weiterschreiten, bis ein mit Phloroglucin-Salzsäure reagierendes Stadium erreicht wird. Bei starker Inkrustierung von Sklereiden und Steinzellen wird die Mäulereaktion schwächer oder verschwindet ganz.

Die Natur der mit Phloroglucin-Salzsäure reagierenden Körper wurde von ADLER, KRATZL und PEW erkannt. KRATZL nimmt im Lignin eine polymere, maskierte Coniferylaldehydstruktur an. Der Coniferylaldehyd bzw. sein Methyläther gibt auch noch in sehr großer Verdünnung die intensive, violettrote Phloroglucinreaktion. ADLER schätzt die Menge des im Holz vorhandenen Coniferylaldehyds auf maximal 0,75%, d. h., daß eine Coniferylaldehydgruppe auf 40—60 Phenylpropaneinheiten kommt. Die Mäulereaktion ist nach HIBBERT auf die Syringa-Bausteine zurückzuführen. Alle jene Hölzer, welche Syringylabbauprodukte abspalten, geben auch eine positive Mäulereaktion.

Eine weitere Holzreaktion wurde von JAYME und HANKE angegeben. Hier wird eine Behandlung mit Stickstofftetroxyd durchgeführt, wodurch eine Gelbfärbung der verholzten Partien entsteht. Diese Reaktion gelingt nach ULLRICH auch mit Salpetersäure, wobei darauf hingewiesen wird, daß die Mäule- und Salpetersäurereaktion mit der gleichfalls zum Nachweis von Verholzung heranziehbaren Chlorzinkjodreaktion weitgehend übereinstimmen.

Die auffallende, meist blaue Primärfluoreszenz verholzter Zellwände ist schon lange bekannt (LEHMANN, METZNER, VODRAZKA, EICHLER, LINSER u. a.). KISSER und WITTMANN bewiesen die verschiedenen Ursachen der blauen Leuchtreaktion und der Phloroglucinprobe. Durch Behandlung mit Oxydationsmitteln konnten beide Reaktionen zum Verschwinden gebracht werden, während der Ligningehalt nur wenig abnahm. Die Blaufluoreszenz dürfte auf den geringen wasserlöslichen Ligninanteil zurückgehen. In jüngerer Zeit wurden auch die Fluorochrome zum Nachweis verholzter Zellwände herangezogen, die sich von unverholzten Membranen durch eine deutlich verschiedene Sekundärfluoreszenzfarbe unterscheiden. In der vorliegenden Arbeit ist die Akridinorangefluoreszenz untersucht worden.

2. Fragestellung und Methodik.

Es wurden die Primärfluoreszenz und die nach Akridinorangefluorochromierung auftretenden Fluoreszenzfarben und der Ausfall der Phloroglucin-Salzsäure- und Mäulereaktion sowie der Chlorzinkjodfärbung einerseits im frischen Zustand und anderseits nach Heißwasserextraktion und achttägiger Behandlung mit 4%- und 20%iger Natronlauge vergleichend an verschiedenen Objekten studiert.

Die Heißwasserextraktion geht auf VAN WISSELINGH zurück. Die Schnitte werden dabei in dest. Wasser im zugeschmolzenen Glasrohr eine Stunde bei 150 Grad im Ölbad erhitzt. Bei der Durchführung der Phloroglucin-Salzsäurereaktion (hinfort abgekürzt PhS-Reaktion genannt) sind die Angaben von SCHINDLER berücksichtigt worden. Die abgetrockneten Schnitte wurden mit 3 Tropfen einer 1%igen Phloroglucinlösung versetzt und im Überschuß 25%ige Salzsäure hinzugefügt. Für die Mäulereaktion gelangte eine 1%ige Kaliumpermanganatlösung bei einer Einwirkungsdauer von 5 Minuten mit nachfolgender Salzsäure- und Ammoniakbehandlung zur Anwendung. Die Chlorzinkjodlösung ist nach den Angaben von

Molisch hergestellt worden. Die Färbedauer mit Akridinorange (1:10000) betrug eine Stunde.

Für die Beobachtungen im gefilterten Ultraviolettlicht diente ein „Lux UV" der Optischen Werke Reichert, Wien.

3. Untersuchtes Material.

a) PhS- und Mäulereaktion verlaufen nahezu gleich.

Hedera helix, Stamm, Bastfasern und Xylem.

Die Bastfasergruppen und das Xylem zeigen eine kräftige Blaufluoreszenz und gleich starke Mäule- und PhS-Reaktion. Bei den Bastfasergruppen färbt sich die Mittellamelle mit den Mäulereagentien schwächer an als die Sekundärwand, beim heißwasserextrahierten Schnitt bleibt sie ungefärbt.

Phlomis fruticosa, Stamm, Sternhaare, Xylem und Mark.

Die Sternhaare fluoreszieren ziemlich gleichmäßig graublau, die Rotfärbung mit PhS und Mäule bleibt auf die Haarknoten beschränkt. Nach Lauge- und Heißwasserbehandlung verläuft die PhS-Probe negativ, die Mäulereaktion fällt bei ganz jungen Haaren nur an den Haarknoten schwach positiv aus, im älteren Stadium hingegen erstreckt sich die Rotfärbung über den ganzen Haarschaft.

Anthurium Scherzerianum, Luftwurzel, Velamen radicum und Exodermis.

Die Exodermis besteht aus radial gestreckten Zellen, von denen nur die äußeren (tangentialen) Zellwände Verholzungsreaktionen geben. Die Exodermiszellwände fluoreszieren alle gleichmäßig hellblau. Man kann auf Grund der Anfärbung mit Sudan 3 auf eine Verkorkung ihrer übrigen Membranteile schließen. Die nur partielle Verholzung dieser Zellen wäre daher durch die Primärfluoreszenz allein nicht feststellbar.

Houttuynia cordata, Stamm, Sklerenchymring.

Der Sklerenchymring weist von allen verholzten Teilen dieser Pflanze die stärkste Blaufluoreszenz auf. Sie verstärkt sich nach Behandlung der Schnitte mit 4%iger Lauge, wechselt jedoch die Färbung nach gelbgrün.

Callisia repens, Stamm, Subepidermis.

Unterhalb der Epidermis sind 2—3 Reihen kollenchymatischer Zellen angeordnet, die eine allmählich ins Grundgewebe verlaufende Blaufluoreszenz aufweisen. Es gibt aber nur die Subepidermis eine ± schwache PhS- und Mäulereaktion.

b) Positive PhS- und schwache oder negative Mäulereaktion.

Hedera helix, Stamm, Epidermis und Kork.

Die Zellwände der Epidermis sind besonders an der Innenseite verdickt und geben mit PhS eine starke Rotfärbung, mit den Mäulereagentien stellt sich dagegen nur eine schwache bräunliche Färbung ein. ULLRICH vermutet einen ursächlichen Zusammenhang zwischen dem durch die Peridermbildung eingeleiteten Absterbeprozeß und der chemischen Veränderung der Membran.

Clivia nobilis, Luftwurzel, Velamen radicum, Exodermis, Casparyscher Streifen, Gefäße.

Das Velamen radicum einschließlich der Rhizoiden und der peripheren Zellwand der gestreckten prismatischen Exodermiszellen gibt mit PhS eine Rotfärbung. Das Velamen fluoresziert bräunlichgelb, die gesamte Exodermis hingegen blau (Verkorkung). Die undeutliche Fluoreszenz des Velamens dürfte auf fluoreszenzlöschende Substanzen zurückzuführen sein, da sich schon nach kurzer Laugebehandlung eine grünliche bis blaue Fluoreszenz einstellt. Die Mäulereaktion fällt negativ aus.

Anthurium Scherzerianum, Luftwurzel, Casparysche Streifen, Gefäße, Mark.

Die Gefäße und Markzellen färben sich mit Mäule nur braun, nach Lauge- und Heißwasserbehandlung gelblichbraun bis vereinzelt rötlich.

Houttuynia cordata, Stamm, Gefäße und Gefäßbündelscheide.

Vom Sklerenchymring über die Gefäßbündelscheide bis zu den Gefäßen nimmt die Mäulereaktion immer weiter ab. Bei den Gefäßen tritt nur eine schwach gelbe bis rötlichgelbe Färbung auf, die sehr beständig ist und sich nur nach Heißwasserbehandlung gegen bräunlich ändert.

Tradescantia fluminensis und *purpusi*, Stamm, Gefäßbündelring und -scheide, Gefäße.

Bei beiden Arten ergibt sich im wesentlichen der gleiche Grundtypus. Die intensive Fluoreszenz des verbindenden Gefäßbündelringes von *Tradescantia fluminensis* nimmt nach Laugebehandlung viel mehr ab als bei *Trad. purpusi*. Die Reaktionen fallen nahezu gleichartig aus, nur gibt bei *Trad. fluminensis* die Gefäßbündelscheide eine etwas stärkere PhS-Reaktion.

Callisia repens, Stamm, Gefäße und Casparysche Streifen.

Die Gefäßbündelscheide besteht aus unverholzten, zartwandigen Zellen, welche an den einander berührenden Zellwänden einen gut ausgebildeten Casparyschen Streifen aufweisen. Bei allen beobachteten Casparyschen Streifen (mit Ausnahme von *Monstera*) tritt ungefähr gleich starke Fluoreszenz auf, die PhS-Reaktion fällt positiv, die Mäulereaktion negativ aus.

Boehmeria nivea, Stamm, Xylem.

Die Gefäßwände der weitlumigen Xylemteile geben eine schwächere Mäulereaktion als das übrige Xylem. Die PhS-Reaktion verläuft unterschiedslos.

Plectranthus fruticosus, Stamm, Gefäße.

Die Gefäßwände verhalten sich ähnlich wie bei *Boehmeria*.

Monstera deliciosa, Luftwurzel, Kappenzellen, Sklerenchymring, Casparysche Streifen, Xylem.

Der Sklerenchymring gibt eine starke PhS- und nur schwache oder undeutliche Mäulereaktion, welche durch Auflockerung mit Lauge etwas verstärkt wird. Bei den Casparyschen Streifen ist eine positive Mäulereaktion zu beobachten, die mit der PhS-Reaktion ungefähr gleich ist; bemerkenswert ist hier die Beständigkeit der beiden Reaktionen nach Heißwasserextraktion.

c) Positive Mäulereaktion bei schwacher oder fehlender PhS-Reaktion.

Monstera deliciosa, Luftwurzel, Sklerenchymidioblasten.

Die Sklerenchymidioblasten liegen der Länge nach im Rindenparenchym eingebettet. Schon ganz junge Idioblasten geben eine positive Mäulereaktion.

Phormium tenax, Blatt, subepidermale Zellschichten und an die Gurtungen angrenzende Zellen.

Die blau fluoreszierende subepidermale Zellschicht besteht aus meist drei untereinanderliegenden mäulepositiven Zellreihen, die direkt in die Spitzenregion der Gurtungen übergehen. Streng von diesen Membranen unterschieden sind die dünnen Seitenwände der Epidermis und die starkwandige Cuticula, welche keine Mäulereaktion geben.

Tradescantia guianensis, Stamm, Gefäßbündelring und -scheide, Gefäße.

Hier werden dieselben Gewebselemente, die bei *Tradescantia fluminensis* und *purpusi* nur durch PhS angefärbt werden, durch Mäule besser tingiert. Erwähnenswert ist ferner die starke Primärfluoreszenz des Gefäßbündelringes, welche sich besonders bei älteren

Stammabschnitten als sehr beständig gegenüber einwirkender Natronlauge erweist.

d) Verschiedener Ausfall der PhS- und Mäulereaktion an größeren Gewebekomplexen.

Dieser Abschnitt erfordert eine eingehende Behandlung.

Aspidistra elatior, Blattstiel, drei Entwickungsstadien, Sklerenchymring, Sklerenchymscheide und Xylem (Tafel 1, Fig. 1 und 2).

Der auf Fig. 1 knapp unterhalb der Epidermis erkennbare Sklerenchymring gibt immer eine starke Mäulereaktion, mit PhS dagegen nur eine unbedeutende Rosafärbung. Interessanterweise ist sein äußerster Rand an der nicht immer vorhandenen Vereinigungsstelle mit der Sklerenchymscheide des Gefäßbündels nach Durchführung der PhS-Reaktion schwach rot gefärbt. Die äußere Sklerenchymscheide ist auf Fig. 1 zu erkennen und wird durch die zwei großen, das Phloem und Xylem umschließenden Bastfaserkappen gebildet. Die Mittellamelle färbt sich mit PhS auch dort an, wo die Sekundärwände ungefärbt bleiben; vielfach ist ein von innen zur Peripherie des Gefäßbündels verlaufender Intensitätsabfall zu verzeichnen.

So wie der Sklerenchymring verhält sich auch der äußere Teil der Sklerenchymscheide, während die zentrale Scheide (die Bastfasern im und um das Phloem und die unmittelbar an das Xylem stoßenden Fasern) eine starke PhS-Reaktion bei deutlicher Mäuleprobe geben. Ebenso verhält sich das Xylem. Man vergleiche mit Fig. 1 (PhS) und 2 (Mäule). Durch die Mäulereaktion färbt sich also der gesamte verholzte Gewebekomplex.

Cyperus alternifolius, Blattstiel, zwei Entwicklungsstadien, Bastrippen (Fig. 3).

Die gegen die Rinde zu gelegenen (peripheren) Fasern der Bastrippen besitzen eine stärkere Membran als die mehr zentralen. Die Fluoreszenz ist bei beiden Zonen fast gleich. Die Bastrippen der Blattstiele mittleren Alters färben sich mit PhS nur an der Peripherie rot, ihr zentral gelegener Teil hingegen färbt sich gelb. Im älteren Stadium ist der größte Teil der Bastrippe stark rot und nur noch ein kleiner Abschnitt der zentralen Zone gelb Man vergleiche mit Abb. 1.

Der zentral gelegene Teil der Bastrippen ist im Sinne ULLRICHS noch nicht so weit entwickelt, um eine positive PhS-Reaktion geben zu können. Diese tritt erst mit zunehmendem Alter auf, wobei auch hier noch die äußerste Spitze schwächer rot oder gelblich erscheint.

Zu: K. Pfoser, Vergleichende Versuche über Verholzungsreaktionen und Fluoreszenz. Tafel 1.

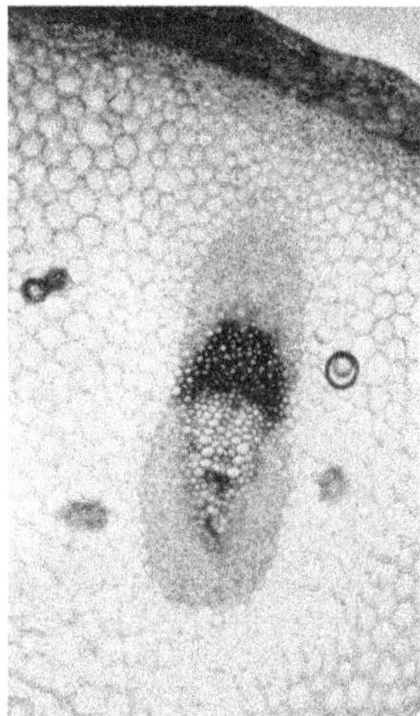

Fig. 1.

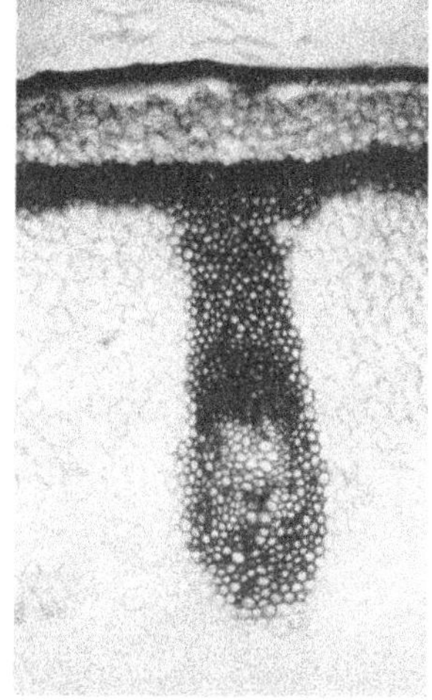

Fig. 2.

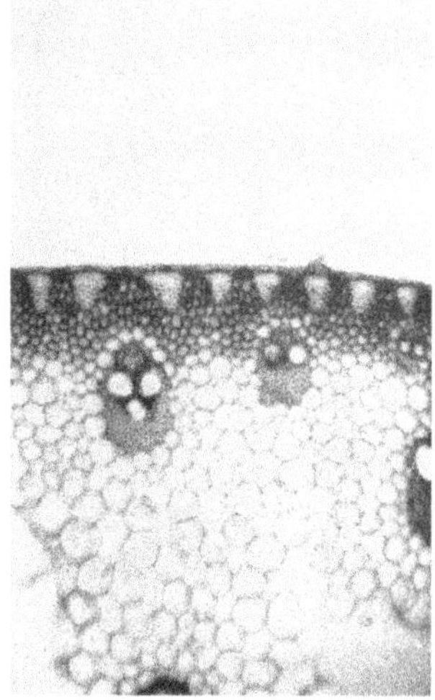

Fig. 3.

Fig. 1. *Aspidistra elatior*, älterer Blattstiel quer, Gefäßbündel und Sklerenchymring, PhS-Reaktion, (29:1) 58:1.

Fig. 2, wie 1, Mäulereaktion.

Fig. 3. *Cyperus alternifolius*, Stamm quer, Randzone, (29:1) 58:1

Die Mäulereaktion fällt nahezu in der ganzen Rippe positiv aus und ist vom Alter unabhängig, nur der mittlere Teil nimmt eine gelbliche Färbung an und scheint daher schon zu stark inkrustiert zu sein. Die Inkrustierung müßte nun nach ULLRICH durch Behandlung mit Lauge abnehmen und das trifft auch zu. Nun zeigt sich fast die ganze Fläche der Bastrippe deutlich rot angefärbt.

Die Chlorzinkjodreaktion entspricht der Mäuleprobe. Die mittleren Zonen werden auch hier wieder nur gelblich gefärbt.

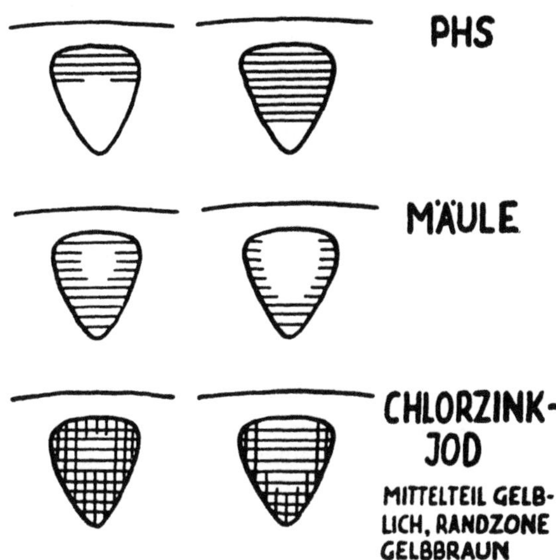

Abb. 1. Bastrippen von *Cyperus alternifolius*, schem., links von jüngeren, rechts von älteren Blattstielen.

Dracaena australis, Blatt, vier Entwicklungsstadien, Bastfasergurtungen, Xylem.

Nach Durchführung der Mäuleprobe (Tafel 2, Fig. 5) erscheint die Rotfärbung im ganzen Bereich der Gurtung nahezu mit gleicher Intensität. Fig. 4 veranschaulicht den Ausfall der PhS-Reaktion. Die dunkel gefärbten (roten) Zonen der Gefäßbündelgurtung wurden mit „Zone B" bezeichnet. Es sind dies die Kappen und die das Phloem und Xylem unmittelbar umschließenden Teile. Die mit PhS ungefärbt bleibenden Partien entsprechen der „Zone A". Hier färben sich lediglich die Mittellamellen rot.

Für unbehandelte Schnitte ist also festzuhalten:

1. Ein bezüglich der PhS-Reaktion ungleiches Verhalten der einzelnen Zonen der Bastfasergurtungen, jedoch ein praktisch gleicher Ausfall bei Zone B und Xylem und

2. Eine fast gleichmäßige Färbung innerhalb der ganzen Gurtung mit Mäule, im Xylem dagegen eine negativ verlaufende Reaktion; bei Schnitten von älteren Blättern geht die Mäulereaktion an den das Xylem unmittelbar umschließenden Bastfasern infolge der schon zu starken Inkrustierung zurück.

Die Querschnitte von sehr jungen Blättern unterscheiden sich nur wenig von den älteren. Die Fluoreszenz ist ziemlich gleichartig und nur im Farbton etwas verschieden. Die Kappenzonen der Gurtungen fehlen noch. Gut ausgeprägt sind schon die Unterschiede im Ausfall der beiden Verholzungsreaktionen.

Die Zone B fluoresziert bei den älteren Blättern nur etwas intensiver blau als Zone A. Das Xylem leuchtet fast genau so stark wie die übrige Gefäßbündelgurtung. Nach Heißwasserextraktion fluoresziert Zone B deutlich stärker weißlich hellblau als A. Das Xylem leuchtet bräunlich und bei Zone A verschwindet nun auch die durch PhS hervorgerufene zarte Rosafärbung. Innerhalb der Zone B bleibt die Färbung bestehen, sie erscheint jedoch viel schwächer und stumpfer als bei unbehandelten Schnitten. Gleiches gilt für das Xylem. Auch die Mäulereaktion gibt ein anderes Bild, die Zone A wird nun schwächer als B angefärbt. Bei älteren Blättern neigt das Xylem zu einer leichten Rotfärbung, dagegen verläuft an jungen und mittelalten Blättern die Mäulereaktion des Xylems weiterhin negativ.

Bei unbehandelten Schnitten färbt sich die Mittellamelle der Bastfasermembranen mit Chlorzinkjod intensiver und reiner gelb als die Sekundärwände, die zusätzlich noch eine mehr grünliche Färbung aufweisen. Diese Erscheinung könnte mit dem dichteren Ligningefüge der Mittellamelle erklärt werden. Schon FREUDENBERG isolierte hier Anteile, die bis zu 70% Lignin enthielten. Da die ursprünglich pektinreiche Mittellamelle zellulosearm ist und erst durch nachträgliche Ligninfiltration verdichtet wird, besteht hier ein viel höherer Ligningehalt und daher auch ein reichlicheres Auftreten der Coniferylaldehydgruppen als in den noch zusätzlich zellulosehältigen Sekundärwänden. Auf diese Tatsache dürfte die bevorzugte Anfärbung der Mittellamelle mit PhS zurückzuführen sein. Einer Rosafärbung der Sekundärwände wie bei Zone A entspricht somit bei höherer Lignindichte eine Rotfärbung im Gebiet der Mittellamelle, ohne daß sich das Verhältnis Lignin: Al-

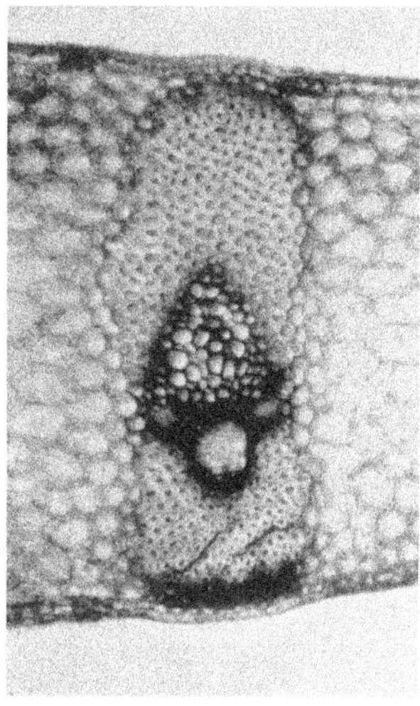

Fig. 4.

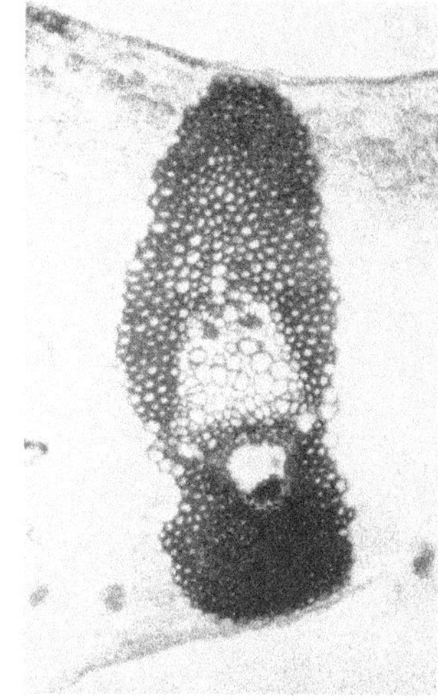

Fig. 5.

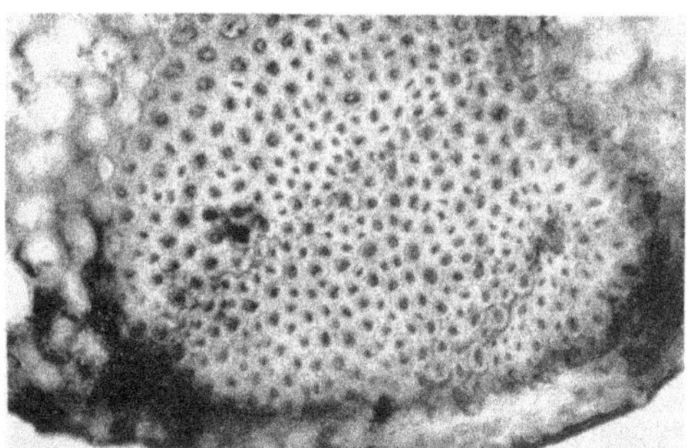

Fig. 6.

Fig. 4. *Dracaena australis*, älteres Blatt quer, Gefäßbündelgurtung, PhS-Reaktion, Grünfilter, (29:1) 116:1.
Fig. 5. Wie Abb. 4, Mäulereaktion, Grünfilter, (36:1) 144:1.
Fig. 6. *Dracaena australis*, Bastkappe eines Gefäßbündels, Chlorzinkjodfärbung, Blaufilter, (87:1) 174:1.

dehydgruppe zu ändern braucht, wie es offenbar gegen die Zone B infolge der dichteren Struktur der Fall ist. Fig. 6 zeigt die gut hervortretenden Mittellamellen nach Chlorzinkjodfärbung.

Blattquerschnitte von *Phormium tenax* gleichen im anatomischen Bau und den Reaktionen weitgehend denen von *Dracaena australis*.

4. Diskussion.

a) Fluoreszenz.

Die blaue Primärfluoreszenz ist in ausgezeichneter Weise geeignet, um einen Überblick über die in einem Schnitt vorkommenden verholzten Elemente ohne Veränderung durch chemische Reagentien zu gewinnen, sie kann jedoch nicht als charakteristische Reaktion im Sinne eines Ligninnachweises gelten. Wie schon WITTMANN betonte, steht die Blaufluoreszenz nicht im Zusammenhang mit den die PhS-Reaktion bedingenden Ligninkomponenten, ebenso besteht, wie aus eigenen Versuchen gefolgert werden kann, auch keine Gleichläufigkeit mit der Mäulereaktion. Bei der Beurteilung der Fluoreszenz muß berücksichtigt werden, daß schon geringe Strukturänderungen genügen, um auch eine Änderung der Fluoreszenz zu bewirken.

Manchmal reicht die Blaufluoreszenz über die positive Verholzungsreaktionen gebenden Zellwände hinaus, wie z. B. bei der Subepidermis von *Callisia*, wo Übergänge in die schwächer blau fluoreszierenden Zellen des Grundgewebes bestehen. Hier geben dem ganzen Habitus nach kollenchymatische Zellen eine sehr schwache Mäule- und PhS-Reaktion. Blau fluoreszierendes Grundgewebe ist ferner noch bei *Tradescantia fluminensis, purpusi*, *guianensis* und *Cyperus alternifolius* zu beobachten. Bei *Tradescantia purpusi* fluoreszieren die Epidermis- und Subepidermiszellwände kräftiger blau als das Grundgewebe, die Verholzungsreaktionen bleiben aber hier — im Gegensatz zu *Callisia* — negativ. In allen Fällen verschwindet die Grundgewebsfluoreszenz nach Heißwasserextraktion, sie wird daher durch wasserlösliche Substanzen verursacht. Nach Heißwasserbehandlung verholzter Schnitte zeigt oft die vorher fluoreszenzfreie Flüssigkeit eine leichte Blaufluoreszenz, es haben sich also blau fluoreszierende Substanzen aus der Zellwand herausgelöst (schon von WITTMANN beobachtet). Die Blaufluoreszenz wird auch fast immer beträchtlich geschwächt und die Farbtönung verschiebt sich gegen weißlichblau. Es müssen aber die in die Membran eingelagerten Stoffe selbst nicht unbedingt fluoreszieren, da möglicherweise schon die durch die Einlagerung hervorgerufene Gefügeänderung der Zellwand fluoreszenzändernd wirken kann.

Ein ähnlicher Effekt kann durch Austrocknenlassen von Schnitten erzielt werden, vorher fluoreszenzfreie Gewebe zeigen dann oft eine schöne Blaufluoreszenz (wie z. B. das Grundgewebe von *Anthurium*) bzw. eine schon vorhandene Fluoreszenz verstärkt sich. Diese Erscheinung ist, wie WITTMANN schon hervorhob, am besten durch ein räumliches Zusammenrücken der Strukturelemente zu erklären.

Nach Behandlung mit Lauge in steigenden Konzentrationen ist in fast allen Fällen ein Absinken der Intensität der Fluoreszenz und der Reaktionen festzustellen. Diese Tatsache wird durch eine Veränderung der die PhS-Reaktion verursachenden CH=CH–CHO-Gruppierungen (Disproportionierung oder Oxydation im alkalischen Medium; KRATZL) und offenbar auch durch eine Verminderung der farbgebenden Anteile (Mäulereaktion) durch Weglösen ganzer Molekülkomplexe verursacht. An Stelle der Blaufluoreszenz erscheint eine mehr oder weniger starke Grünfluoreszenz, die erstmals von LINSER beobachtet wurde.

Aufschlußreich sind die nach Cuoxambehandlung bei *Dracaena* auftretenden Veränderungen. Die einzelnen Elemente der Gefäßbündelscheide fluoreszieren nach zweimonatiger Einwirkungsdauer annähernd gleich stark; die stärkste Abnahme der Fluoreszenz erfolgt schon nach den ersten Tagen. Die Rotfärbung durch PhS verschwindet erst nach längerer Zeit, die Mäulereaktion bleibt am längsten erhalten und nimmt bei den Gurtungen erst nach achtwöchiger Behandlungsdauer ab. Hier zeigen sich wieder die verschiedenen Ursachen aller drei Reaktionen.

Die durch Akridinorangefluorochromierung erzielte Gelbgrünfluoreszenz entspricht meist der blauen Eigenfluoreszenz, sie setzt in einem sehr frühen Stadium der Verholzung ein und reicht über den Anzeigebereich beider Verholzungsreaktionen hinaus. Sie entspricht somit hinsichtlich der Beständigkeit des Auftretens auch höher inkrustierten Membranen gegenüber der PhS-Reaktion, dagegen in der Fähigkeit, weniger dichte, phloroglucinnegative Membranen anzuzeigen, der Mäuleprobe. Bei frühen Verholzungsstadien können auch Mischtöne von Rot und Grün auftreten.

In oder auf der Membran können sich auch fluoreszenzlöschende Substanzen befinden. So fluoreszieren, wie schon erwähnt, die dünnen Wände des Velamen radicum von *Clivia* stumpf bräunlichgelb, geben aber eine deutliche PhS-Reaktion. Erst nach Einwirkung von Heißwasser oder Lauge tritt eine grünliche Fluoreszenz ein. Bei der Exodermis hingegen fluoresziert die gesamte Zellwand blau, während nur der unmittelbar an das Velamen angrenzende periphere Teil eine positive PhS-Reaktion erkennen läßt. Es kann also einerseits eine vorhandene Blaufluoreszenz maskiert werden, hingegen ist anderseits eine Blaufluoreszenz imstande, eine Membranverholzung vorzutäuschen. Hier ist es besonders eine auftretende Verkorkung, die, im Gegensatz zur Blaufluoreszenz verholzter Elemente, nach Heißwasserextraktion und sogar noch nach Behandlung mit Eau de Javelle erhalten bleibt. Es könnte dem entgegengehalten werden, daß die Verholzung einer Membran von einer Dickenzunahme begleitet wird und daher schon rein äußerlich von einer Verkorkung zu unterscheiden wäre. Eine solche Verdickung ist in den meisten Fällen auch tatsächlich zu erkennen. Es gibt jedoch auch Objekte, wie das eben beschriebene Velamen, wo eine merkliche Membranverdickung nicht aufscheint, obwohl aus der schwach positiven Mäulereaktion eine Verholzung abgeleitet werden kann. Auch die an die Gurtungen bei *Phormium tenax* unmittelbar anschließenden Zellen weisen eine schwache Verholzung auf, ohne sich in der Dicke von den umgebenden Grundgewebszellen wesentlich zu unterscheiden. Umgekehrt braucht eine auch deutlich verdickte Membran trotz positiver PhS-Reaktion nicht unbedingt verholzt zu sein, wie es bei den vielen negative Mäulereaktion gebenden Elementen (manchen Gefäßen und beim Gefäßbündelring und der -scheide von *Tradescantia purpusi* und *fluminensis*) der Fall zu sein scheint. ULLRICH erwähnt bei Gefäßen die Möglichkeit einer Imprägnierung mit holzgummiartigen Substanzen. Nicht zu verwechseln sind damit jene Fälle, bei denen eine positive Mäulereaktion wegen der hohen Inkrustierung der Wände nicht mehr zustandekommt.

Bei *Dracaena*, *Phormium*, *Aspidistra* und den Sklerenchymidioblasten von *Monstera* konnte das Einsetzen der Blaufluoreszenz schon in sehr jungen Entwicklungsabschnitten verfolgt werden, ohne daß auch in späteren Stadien mehr als eine sehr zarte Rosafärbung mit PhS aufscheint. Wie aus der starken Abnahme der Fluoreszenz nach Heißwasserextraktion hervorgeht, dürfte es sich hier u. a. um wasserlösliche Lignine handeln, die, wie schon WITTMANN darlegte, die PhS-Reaktion nicht verursachen. Erst in späteren Stadien erfolgt eine Kondensation zu den hochpolymeren und wasserunlöslichen Ligninkörpern. Das sehr frühe Auftreten der Blaufluoreszenz bei verholzenden Zellen wurde auch schon von WIMMER hervorgehoben.

b) Verholzungsreaktionen.

Es hat sich erwiesen, daß die Korkzellen von *Hedera* und auch alle beobachteten Casparyschen Streifen neben den Korkreaktionen eine positive PhS-Reaktion aufweisen. Ebenso verhält sich die primäre und tertiäre Wand beim Flaschenkork. Beim Kork von

Hedera ist die Rotfärbung auch bei sehr starker Vergrößerung gut erkennbar, die Suberinlamelle selbst (sekundäre Wand) bleibt dabei ungefärbt. Hier entfallen auf die primäre und tertiäre Wand zusammen weniger als $^1/_2$ μ. Es müßte also schon eine sehr starke Verholzung vorliegen, um eine derart kräftige Rotfärbung hervorzubringen. Nach Durchführung der Mäuleprobe färben sich die Wände nur unbedeutend bräunlich. Es liegt daher die Vermutung nahe, daß am Zustandekommen der positiven PhS-Reaktion weniger die Coniferylaldehydseitenketten des Lignins als vielmehr andere Aldehyd-Gruppierungen verantwortlich zu machen sind. Ähnliches mag auch für die Casparyschen Streifen von *Anthurium*, *Clivia* und *Callisia* zutreffen. Bei den Casparyschen Streifen von *Monstera* dagegen wäre auf Grund der positiven Mäulereaktion eine Verholzung anzunehmen.

STURM untersuchte das metachromatische Verhalten verholzter Zellwände und fand bei den Bastrippen von *Cyperus alternifolius* eine nach der inneren Spitze zu abnehmende Membrandichte, wobei sich die Farbtöne nach Färbung mit Chikagoblau über Gelb, Ocker, Rot bis Violett ändern. Es werden somit die Räume des Micellargerüstes in Richtung zur zentral gelegenen Bastrippenspitze immer größer. STURM nimmt an, daß die an der Spitze gelegenen Fasern (welche fast gleich große Micellarräume aufweisen wie die zellulosische Membran) unverholzt seien. Nach der hier gelb ausfallenden PhS-Reaktion wäre eine Verholzung derselben ebenfalls nicht anzunehmen, die positive Mäulereaktion hingegen läßt auf eine solche schließen, sie tritt also schon an Stellen mit sehr geringen Lignineinlagerungen auf. Die PhS-Reaktion stellt sich nur im dichteren, peripheren Teil der Rippe ein, die Coniferylaldehydgruppen werden daher erst bei zunehmender Membranverdichtung ausgebildet oder treten erst bei erhöhter Zusammenballung hervor. Eine ähnliche Erscheinung wurde schon bei den Mittellamellen der Bastfasern von *Dracaena* beschrieben. Die PhS-Reaktion wird also nicht durch die löslichen Lignine bewirkt, da diese schon viel früher einwandern.

Es wird also vermutlich zuerst nach erfolgter Aufweitung des Zellulosegerüstes ein mehr lockeres Ligninskelett gebildet, welches neben den Phenylpropanbausteinen oft nur in geringer Menge die Coniferylaldehydgruppen enthält. Letztere treten mit zunehmender Lignifizierung gehäufter auf und ziehen nun eine positive PhS-Reaktion nach sich. Dabei können auch innerhalb der Wand einer Zelle Konzentrations- bzw. Dichteunterschiede auftreten. Die Mäulereaktion erstreckt sich nun weiter auch über den Bereich der beginnenden PhS-Reaktion, die zunehmende Verdichtung stört also noch nicht. Schreitet diese jedoch weiter fort, so gehen die Mäule- und auch die Chlorzinkjodreaktion rapide zurück, die PhS-Reaktion wird dagegen nicht beeinflußt.

Die Mäulereaktion eignet sich also besonders zum Nachweis beginnender Verholzung und erweist sich vielfach der PhS-Reaktion überlegen. Schon Mäule, Faber, Siersch und Schindler geben ihr den Vorzug. Nach Mäule tritt nie dort eine Rotfärbung ein, wo aus physiologischen oder sonstigen Gründen eine Verholzung unwahrscheinlich erscheint. Die Stickstofftetroxydreaktion nach Jayme und Hanke (die mit hoher Wahrscheinlichkeit den Ligninkern erfaßt) und ihre modifizierte Form nach Ullrich stimmen offenbar schon deshalb mit der Mäulereaktion ziemlich überein, da es sich bei diesen Reaktionen um Oxydationsvorgänge handelt. Vielleicht sind die oft mit der Mäuleprobe gleichlaufenden gelbbraunen Membranfärbungen mit Chlorzinkjod auf eine bestimmte Ausbildung des Mizellargefüges der Zellwand zurückzuführen. Der Chlorzinkjodfärbung kann jedoch keine größere Bedeutung beigemessen werden, da sie auch sichtlich unverholzte Membranen gelbbraun anzufärben vermag.

Die Membranverdichtung hat offensichtlich eine funktionelle Bedeutung, da aus der kompakteren Beschaffenheit der die empfindlichen Leitungsbahnen einhüllenden Bastfasern eine Schutzwirkung gegen äußeren Druck abgeleitet werden kann. Wahrscheinlich werden die weniger verdichteten nur mäulepositiven Bastfasern mehr auf Zugfestigkeit beansprucht (also vorwiegend noch die Eigenschaften der Zellulose), während die dichteren Fasern gegen äußeren Druck schützen.

Wir können zusammenfassend also folgende Entwicklungsstadien verholzender Membranen unterscheiden (man vergleiche mit Abb. 2):

1. Zellwände, welche schon von Beginn der Verholzung an beide Verholzungsreaktionen mit nur geringen Intensitätsschwankungen geben und auf diesem Stadium stehen bleiben (*Hedera*, Bastfasern und Xylem; alle verholzten Elemente von *Phlomis*; *Houttuynia*, Sklerenchymring; *Aspidistra*, zentrale Sklerenchymscheide und Xylem; *Dracaena* und *Phormium*, Gurtungen, Zone B).

2. Zellwände, welche wie unter 1. alle Verholzungsreaktionen schon von Anfang an geben, sich jedoch im Laufe der Entwicklung weiter verdichten und schließlich ein mäulenegatives Endstadium erreichen (*Monstera*, Xylem).

3. Zellwände, die sich durch eine lockere Membranstruktur auszeichnen, fast nur eine positive Mäulereaktion geben und auf diesem Entwicklungsstand verharren (*Monstera*, Sklerenchym-

idioblasten; *Aspidistra*, Sklerenchymring und Gefäßbündelscheide; *Dracaena* und *Phormium*, Zone A ohne nähere Berücksichtigung der Grenzregion zwischen A und B).

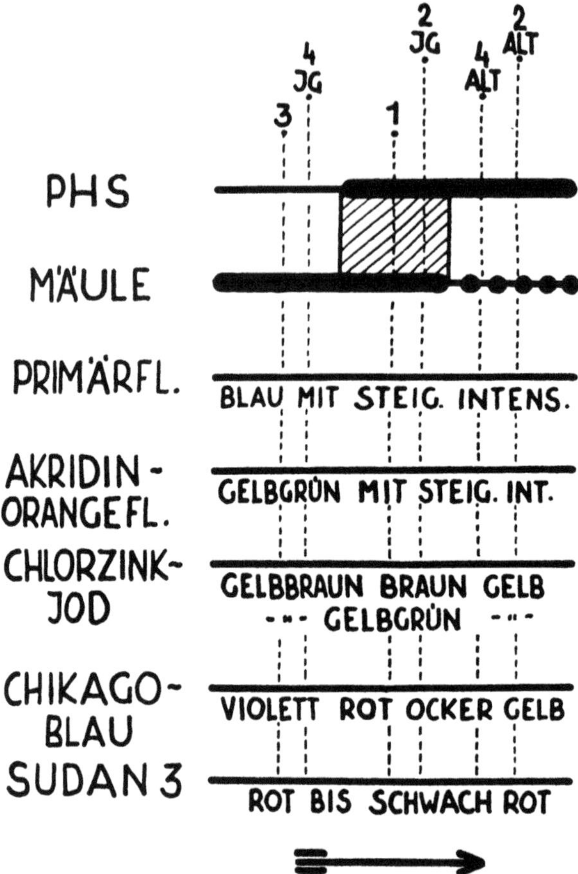

Abb. 2. Anfangs- und Endstadien verholzter Membranen; in Pfeilrichtung zunehmende Membranverdichtung (zunehmende Verholzung). Erklärung im Text.

4. Zellwände, welche im jungen Zustand eine lockere Struktur besitzen, fast nur mäulepositiv sind, die aber im Laufe der Entwicklung die Zone des gemeinsamen Reaktionsverlaufs durchwandern und ein mäulenegatives Endstadium erreichen (*Cyperus*, Mittelteil der Bastrippen).

Da, wie schon eingangs erwähnt, die PhS- und auch die Mäulereaktion nur mit einem sehr kleinen Teil des Ligninmoleküls reagieren, kann auch dann, wenn beide Reaktionen negativ ausfallen, nicht mit völliger Sicherheit auf eine fehlende Verholzung geschlossen werden. Die exakte Erfassung des Lignins ist nur durch physikalische und chemische Methoden möglich (Absorption im U.V. und I.R., oxydativer Abbau, Äthanolyse u. ä.).

Es ist jedoch, wie auch Ullrich betont, eine Zellwand auch dann als verholzt zu bezeichnen, wenn die PhS-Reaktion und die Zellulosereaktion mit Chlorzinkjod negativ verlaufen, die Mäulereaktion aber positiv ausfällt.

Herrn Doz. Dr. Helmut Kinzel möchte ich für vielfache Beratung und Hilfeleistung herzlich danken.

5. Zusammenfassung.

1. Die ursächlichen Komponenten für die Blaufluoreszenz, Phloroglucin-Salzsäure- und Mäulereaktion werden vielfach $\pm$ unabhängig voneinander ausgebildet.

2. Die Blaufluoreszenz und die meist gelbgrüne Akridinorangefluoreszenz sind zur Erkennung verholzter Membranen gut geeignet, können jedoch nicht als Ligninnachweis in strengem Sinne gelten.

3. Eine lediglich positive Phloroglucin-Salzsäurereaktion läßt noch keinen sicheren Schluß auf die Lignifizierung einer Membran zu.

4. Die die Phloroglucin-Salzsäurereaktion verursachenden Gruppierungen im Lignin treten erst bei zunehmender Membranverdichtung in Erscheinung.

5. Verholzende Zellwände können derart angelegt werden, daß schon von Beginn der Verholzung an beide Verholzungsreaktionen auftreten, sie können aber auch im Zuge der Entwicklung von einem nur mäulepositiven, mehr lockeren Stadium über Stufen erhöhter Dichte bis zu einem sehr stark lignifizierten und daher mäulenegativen Endstadium fortschreiten und auf jedem Zwischenstadium verharren.

Literaturverzeichnis.

Adler, E. und Ellmer, L.: Coniferylaldehydgruppen im Holz und in isolierten Ligninpräparaten, Acta chem. Scand., Bd. 2, 1948, p. 839.

Eibl, J.: Studien zur Phylogenese des Lignins, Diss. Univ. Wien 1950.

Eichler, O.: Fluoreszenzmikroskopische Untersuchungen über die Verholzung und Lignin, Zellulosechemie 1934, p. 114–124 und 1935, p. 1–6.

Faber, F. C. v.: Zur Verholzungsfrage, Ber. d. Dtsch. Bot. Ges. 1904, 22, p. 177.

Freudenberg, K.: Neuere Ergebnisse auf dem Gebiete des Lignins und der Verholzung, Zechmeister, Fortschritte d. Chemie org. Naturstoffe XI., 1954.

Frey-Wyssling, A.: Die Stoffausscheidungen der höheren Pflanzen, Springer-Verl. Berlin, 1935.

Grafe, V.: Untersuchungen über die Holzsubstanz vom chemisch-physiologischen Standpunkt, Sitzgs. Ber. d. kais. Akad. d. Wiss., Wien, Bd. **113**, Abt. 1, 1904.

Haitinger, M.: Fluoreszenzmikroskopie. Akad. Verl. G.m.b.H. Leipzig, 1938.

Higuchi, T.: Studies on the Biosynthesis of Lignin, 4. Int. Kongreß für Biochemie, Wien, 1958.

Höfler, K.: Fluorochromierungsstudien an Pflanzenzellen, 1. Sonderbd. d. Zeitschr. Mikroskopie, Wien, 1949, Georg-Fromme-Vlg.

Jayme, G. und Harders-Steinhäuser, M.: Über eine neue Methode zum mikroskopischen Nachweis des Protolignins in pflanzlichen Zellwänden und ihre Anwendung auf Buchenholz. Holzforschung 1, 1947, p. 33–42.

Keller, J.: Über das Bauprinzip der Seitenketten der Ligninsulfosäuren, Diss. Univ. Wien, 1950.

Kinzel, H.: Zur Kausalfrage der Zellwandfluorochromierung mit Akridinorange, Protoplasma XLV., H. 1, 1955, p. 75.

Kisser, J. und Lohwag, K.: Histochemische Untersuchungen an verholzten Zellwänden, Mikrochemie 23, 1937, p. 51.

Kisser, J. und Wittmann, W.: Fluoreszenzmikroskopische Untersuchungen an verholzten Zellwänden, Mikrochemie **36/37**, 1951, p. 1134.

Kratzl, K.: Zur Biogenese des Lignins, Experientia, Vol. IV/2, 1948.

— Über den chemischen und botanischen Nachweis der Verholzung, Mitt. d. Österr. Ges. f. Holzforschung, Bd. 3, Folge 4, N. 17, 1951, p. 77–85.

— Über den qualitativen Nachweis der Verholzung, Holz als Roh- und Werkstoff, Bd. **11**, 1953, p. 269–276.

— Über den mikroanalytischen Nachweis des Lignins, Microchimica acta, Heft 1–6, 1956, p. 159–170.

Kratzl, K. und Rettenbacher, F.: Über das Bauprinzip der Seitenketten der Ligninsulfosäuren, Monatshefte Chemie, 80, 1949, p. 622.

Lehmann, H.: Das Luminescenzmikroskop, seine Grundlagen und seine Anwendungen, Z. wiss. Mikroskopie, 1913, 30, p. 417.

Linser, H.: Fluoreszenzanalytische Untersuchungen an Pflanzen, Diss. Univ. Wien, 1929.

Mäule, C.: Das Verhalten verholzter Membranen gegenüber Kaliumpermanganat, eine Holzreaktion neuer Art, Beitr. wiss. Bot., Bd. 4, 1900, p. 166.

Metzner, P.: Über das optische Verhalten der Pflanzengewebe im langwelligen UV-Licht, Planta 10, 1929, p. 281.

Meyer, K. H. und Mark, H.: Makromolekulare Chemie, Akad. Vlgs.-Ges. Leipzig, 2. Aufl., 1950.

Molisch, H.: Mikrochemie der Pflanze, 3. Aufl., Jena, 1923.

PEW, J. C.: Structural Aspect of a Colour Reaction of Lignin with Phenols, Journ. Amer. Chem. Soc., Bd. 73, 1951, p. 1678.

SCHINDLER, H.: Kritische Beiträge zur Kenntnis der sog. Holzreaktionen, Ztschr. f. wiss. Mikroskopie, 48, 1931, p. 289.

SIERSCH, E.: Vergleichende Versuche über die Mäule- und Phloroglucin-Salzsäure-Reaktion beim Nachweis der Verholzung, Mikrochemie 4, 1926, p. 188.

SITTE, P.: Der Feinbau verkorkter Zellwände, Mikroskopie, Bd. 10, H. 5/6 1955, p. 178.

SOLEREDER, J.: Systematische Anatomie der Dikotyledonen, Stuttgart, 1899–1908.

STECHER, H.: Über das Flächenwachstum der pflanzlichen Zellwände, Mikroskopie 7, 1952, p. 30.

STURM, M.: Untersuchungen über das metachromatische Verhalten verholzter Zellwände, Diss. Univ. Wien, 1948.

ULLRICH, J.: Vergleichende Untersuchungen über Verholzung und Verholzungsreaktionen, Ber. d. Dtsch. Bot. Ges., Heft 2, 1955, p. 93.

VODRAZKA, O.: Das Mikroskopieren von Holz im filtrierten ultravioletten Licht, Ztschr. f. wiss. Mikroskopie 46, 1930, p. 497–505.

WACEK, A. v. und KRATZL, K.: Modellversuche zum Ligninproblem, Österr. Chem. Ztg. 48, 1947, p. 36.

WIESNER, J.: Note über das Verhalten des Phloroglucins zur verholzten Zellmembran, Sitzgsber. Akad. Wiss. Wien, Bd. 77, 1878, p. 60.

WIMMER, C.: Fluoreszenzuntersuchungen über Verholzung, Mikroskopie 3, 1948, p. 225.

WISSELINGH, C. v.: Die Zellmembran, Handbuch d. Pflanzenanatomie, 1925.

WARDROP, A. B. und BLAND, D. E.: The Process of Lignification in Woody Plants, 4. Int. Biochemikerkongreß Wien, 1958.

WITTMANN, W.: Fluoreszenzmikroskopische Untersuchungen an verholzten Zellwänden, Diss. Univ. Wien, 1950.

WITTMANN, E.: Über die Farbreaktionen des Holzes, Diss. Univ. Wien, 1953.

ZELLER, E.: Untersuchungen an Zug- und Druckholz mit Hilfe metachromatischer substantiver Farbstoffe, Diss. Univ. Wien, 1948.

ZIEGENSPECK, H.: Über die Zwischenzustände bei der Bildung verholzter Membranen, Ber. d. Dtsch. Bot. Ges. 49, 1931, p. 381.

– Dichroskopie und Metachroskopie, Protoplasma, Bd. 35, 1940, p. 237.

Die in den Sitzungsberichten Abtlg. I und Abtlg. IIa der math.-nat. Klasse der Österr. Ak. d. Wiss. erscheinenden Abhandlungen werden auch einzeln abgegeben. Sie können durch jede Buchhandlung oder direkt durch die Auslieferungsstelle der Österreichischen Akademie der Wissenschaften (Wien I, Singerstraße 12) bezogen werden.

Nachfolgende Abhandlungen aus dem Fach der **Zoologie** sind erschienen:

1956 (S I Bd. 165):

Brehm V.: Bemerkungen zu einigen neueren Cladocerenfunden aus Amerika (mit 2 Textabbildungen). S 9.—

Brehm V.: Über einige Entomastraken Südamerikas (mit 7 Textabbildungen). S 8.50

Janczyk F. St. W.: Anatomie von Siro duricorius Joseph im Vergleich mit anderen Opilioniden (mit 28 Textabbildungen). S 40.—

Mathes Ingeborg: Zur systematischen Stellung der Gattung Platyarthus Brandt (mit 9 Textabbildungen). S 10.50

Medwenitsch W.: Zur Geologie Vardarisch-Makedoniens (Jugoslawien) zum Problem der Pelagoniden (mit 11 Abbildungen im Text und auf 2 Tafeln und 2 Beilagen). S 51.—

Schiller J.: Untersuchungen an den planktischen Protophyten des Neusiedler Sees 1950—1954 III. Teil: Euglenen (mit 70 Abbildungen auf 15 Tafeln). S 47.80

1957 (S I Bd. 166):

Janetschek H. und Steiner W.: Zoologisch-systematische Ergebnisse der Studienreise in die spanische Sierra Nevada 1954.

- Janetschek H.: I. Einführung. S 2.80
- Wagner E.: II. Einige neue Heteropteren (mit 26 Textabbildungen). S 7.60
- Lengersdorf F.: III. Neue Lycoriiden (Sciariden) (Ins., Diptera) (mit 1 Textabbildung). S 3.—
- Schmitz H. S. J.: IV. Phoridae (Diptera) (mit 5 Textabbildungen und 3 Tafeln). S 18.10
- Priesner H.: V. Thysanoptera.
- Roudier A.: VI. Drei neue Curculioniden-Arten (Coleoptera) (mit 1 Textabbildung). S 10.—
- Denis J.: VII. Araneae (mit 23 Textabbildungen und 1 Tafel). S 31.50
- Scheller U.: VII. Symphyla. S 3.—

Kühnelt W.: Ergebnisse der Österreichischen Iran-Expedition 1949/50. Die Tenebrioniden Irans (mit 1 Tafel). S 33.20

Kühnelt W.: Weiß als Strukturfarbe bei Wüstentenebrioniden (mit einem Beitrag von C. Koch, Pretoria) (mit 1 Tafel). S 8.60

Starmühlner F.: Ergebnisse der Österreichischen Island-Expedition 1955. Zur Individuendichte und Formänderung von Lymnaea peregra Müller in isländischen Thermalbiotopen (mit 7 Textabbildungen und 2 Tafeln). S 46.80

Starmühlner F.: Ergebnisse der Österreichischen Iran-Expedition 1949/50. Beiträge zur Kenntnis der Molluskenfauna des Iran, und Edlauer A.: Konchyliologische Bestimmungen und Beschreibungen (mit 17 Textabbildungen, 3 Tafeln und 1 Beilage).

Tollmann A.: Die Mikrofauna des Burdigal von Eggenburg (Niederösterreich) (mit 2 Textabbildungen 7 Tafeln und 2 Tabellen). S 45.90

Wettstein O.: Nachtrag zu meiner Herpetologia aegaea (mit 2 Textabbildungen und 8 Tafeln). S 56.60

1958 (SI Bd. 167):

Amsel Hans Georg: Ergebnisse der Österreichischen Iran-Expedition 1949/50. Lepidoptera II. (Microlepidoptera) (mit 1 Tafel und 7 Textabbildungen). S 12.60

Beier Max, Reimoser E. und Kritscher E.: Zoologische Studien in West-Griechenland. VII. Teil Araneae. S 5.70

Beier Max und Scheerpeltz Otto: Zoologische Studien in West-Griechenland. VIII. Staphylinidae (Col.) (mit 1 Textabbildung). S 48.30

Brehm V.: Bemerkungen zu einigen Kopepoden Südamerikas (mit 5 Textabbildungen). S 25.60

Brehm V.: Die systematischen Verhältnisse bei Notodiaptomus Anisitsi Daday und perelegans Wright (mit 4 Textabbildungen). S 10.50

Löffler Heinz: Die Klimatypen des holomiktischen Sees und ihre Bedeutung für zoogeographische Fragen (mit 1 Textabbildung und 1 Beilage). S 27.30

Mihelčič Franz: Zoologisch-systematische Ergebnisse der Studienreise von H. Janetschek und W. Steiner in die spanische Sierra Nevada 1954, IX. Milben (Acarina) (mit 10 Textabbildungen). S 21.60

Nemenz Harald: Beitrag zur Kenntnis der Spinnenfauna des Seewinkels (Burgenland, Österreich) (mit 3 Textabbildungen). S 27.30

Reisser Hans: Ergebnisse der Österreichischen Iran-Expedition 1949/50. Lepidoptera I. (Macrolepidoptera) (mit 44 Abbildungen auf 9 Tafeln und 1 Karte). S 57.70

Scheminzky F. und Stipperger H.: Über die Fluoreszenz der Eihäute beim Weberknecht Gyas annulatus (mit 1 Textabbildung und 1 Tafel). S 8.10

Schuster Reinhart: Beitrag zur Kenntnis der Milbenfauna (Oribatei) in pannonischen Trockenböden (mit 4 Textabbildungen). S 12.60

Viets O. Kurt: Wassermilben aus der Schwechat (Wienerwald) (mit 20 Textabbildungen). S 19.80

GPSR Compliance
The European Union's (EU) General Product Safety Regulation (GPSR) is a set of rules that requires consumer products to be safe and our obligations to ensure this.

If you have any concerns about our products, you can contact us on

ProductSafety@springernature.com

In case Publisher is established outside the EU, the EU authorized representative is:

Springer Nature Customer Service Center GmbH
Europaplatz 3
69115 Heidelberg, Germany

www.ingramcontent.com/pod-product-compliance
Ingram Content Group UK Ltd.
Pitfield, Milton Keynes, MK11 3LW, UK
UKHW021928190726
13853UKWH00002B/927

* 9 7 8 3 6 6 2 2 2 8 2 9 6 *